Concours régional agricole du département du Cantal

EN 1867.

MÉMOIRE DESCRIPTIF

DE

L'EXPLOITATION AGRICOLE

DU DOMAINE DE LA RODE

au nom de MM. SOUQUIÈRE frères

PAR

M. ÉMILE SOUQUIÈRE.

PARIS

IMPRIMERIE ADMINISTRATIVE DE PAUL DUPONT

RUE DE GRENELLE-SAINT-HONORÉ, 45.

1867

MÉMOIRE DESCRIPTIF

L'EXPLOITATION AGRICOLE

DU DOMAINE DE LA RODE.

OBSERVATION PRÉLIMINAIRE.

Le présent mémoire réunit le Rapport que j'adressai au Préfet du département en février 1866, pour établir notre candidature à la prime d'honneur en raison de nos travaux sur le domaine de la Rode, et les Notes complémentaires que nous avons données au jury verbalement et par écrit, lors de sa visite d'examen de la propriété. Dans ce résumé rapide, j'ai cherché à préciser de mon mieux les conditions agronomiques de notre contrée, les efforts que nous avons faits pour les améliorer et les résultats que nous avons obtenus. Si parmi les lecteurs il en est quelques-uns qui trouvent mes explications trop brèves, nous considérerons comme un honneur de les recevoir sur le domaine et de leur fournir tous les renseignements qui nous seront demandés.

Historique de la propriété. — Mode d'administration.

Le domaine de la Rode, acheté par mon père en 1818, est resté en ses mains jusqu'à sa mort, arrivée en 1852. A cette époque, par suite d'arrangements intimes intervenus entre ma mère et ses enfants, j'en suis devenu le propriétaire exclusif moyennant un prix de 110,000 fr. qui me constitua une dette active de pareille importance, mon patrimoine ayant été nul... Les charges annuelles résultant des arrangements précités étaient de beaucoup supérieures au revenu du domaine, et elles eussent été insoutenables si je n'avais pu faire face aux manquants par les produits directs de mon travail personnel à Paris ; toutefois, comme le produit net de ce travail était alors fort restreint, je dus rechercher et mettre en œuvre les moyens les plus énergiques pour obtenir du domaine le revenu immédiat le plus élevé sans rien laisser aux améliorations d'avenir. En conséquence, j'affermai immédiatement toutes les terres de la propriété. Mais, dès 1856, ma position à Paris s'étant améliorée, je pus appeler mon jeune frère à la régie directe de l'une des fermes et consacrer dès lors aux travaux d'avenir une partie de plus en plus élevée des revenus du domaine. Retenu à Paris pendant onze mois de l'année par mes fonctions d'ingénieur attaché à la direction du chemin d'Orléans, je n'ai pas présidé à l'exécution matérielle des travaux sur place ; mais étant seul personnellement responsable des charges de la propriété, j'ai toujours participé à la détermination des mesures concernant les améliorations d'avenir. Mon jeune frère a constamment habité la Rode depuis 1856, et a dirigé l'exploitation agricole. Pendant ces dernières années il a été puissamment aidé par mon frère aîné, sous-préfet de Villefranche (Aveyron).

Les explications qui précèdent sont nécessaires et suffisantes pour bien faire comprendre la marche qui m'a été imposée par des circonstances difficiles que je ne pouvais modifier à mon gré. Elles seront, j'espère, appréciées avec bienveillance, et on voudra bien ne jamais séparer les travaux faits et les résultats acquis des difficultés à surmonter et des faibles ressources dont j'ai pu disposer.

Situation du domaine de la Rode. — Nature du sol.

Le domaine de la Rode est situé dans les communes de la Capelle-del-Fraysse et de la Capelle-en-Vesie, canton de Montsalvy, département du Cantal, à une distance de 25 kilomètres d'Aurillac.

Le sol du domaine est placé sur la formation géologique connue sous le nom de terrain primitif. De tous les terrains qu'on rencontre dans le département, c'est de beaucoup le moins fertile. Pour qu'on puisse apprécier relativement les difficultés de sa culture, il nous semble utile d'esquisser rapidement la nature des diverses formations géologiques qui constituent le département, en mettant en regard les conséquences agricoles qui en dérivent.

Nature géologique du département du Cantal. — Altitude. — Climat. — Conditions économiques de son agriculture.

Le sol du département du Cantal est constitué par cinq formations géologiques d'origine distincte, qu'on peut ramener à deux si on ne les considère qu'au point de vue agricole. La première comprend les terrains volcaniques, le terrain tertiaire et l'alluvion moderne ; l'autre renferme exclusivement les terrains primitifs, car il est sans intérêt d'y joindre le terrain houiller, dont la superficie est très-peu développée.

Terrains volcaniques. — Les terrains volcaniques, formés de trachites, de basaltes, de conglomérats de ces roches, occupent le centre du département sur une étendue de plus de 200,000 hectares. Au point de vue agricole, le caractère distinctif de ces terrains réside dans ce fait, que toutes les parties qui les constituent sont facilement décomposables, et que les substances qui résultent de la décomposition donnent lieu à une terre d'une fertilité extraordinaire, notamment pour tout ce qui concerne la végétation herbifère. L'élément essentiel de cette végétation est la potasse, et cette substance est si abondante, que partout sur ces terrains il est facile d'obtenir d'excellents pâturages après le plus léger défrichement.

Les terrains volcaniques, situés à une altitude de 600 à 1,850 mètres au-dessus du niveau de la mer, sont sillonnés de vallées très-profondes et à flancs très-inclinés : par suite de cette forte déclivité, les débris de décomposition des roches glissent facilement sur les flancs de vallée et vont former dans les fonds une alluvion très-riche. Mais ce n'est pas tout : entre les terrains volcaniques et les terrains primitifs, il existe dans une partie du département une formation tertiaire composée d'argile rouge, de marne et de calcaire, dont les débris vont se joindre à ceux des roches volcaniques. Le mélange qui en résulte forme un terreau d'une fertilité extrême, sur lequel se trouvent ces magnifiques prairies qui n'ont de rivales, en France, que les meilleurs pâturages de Normandie et quelques lambeaux alluvionnaires placés aux bouches d'égoût des grandes villes. C'est sur ce terreau que se trouvent, par exemple, les prairies des environs d'Aurillac, dont la valeur vénale atteint 12,000 francs l'hectare.

La potasse qui se dégage des roches décomposées est si abondante, qu'on a vu près d'Aurillac des terres arables ayant fourni tous les trois ans une récolte abondante de trèfle pendant onze rotations triennales consécutives. Si on se rappelle que les meilleures terres peuvent à peine suffire à une récolte de cette légumineuse tous les huit ans, on voit combien les terrains volcaniques du Cantal sont favorables à la végétation fourragère.

L'économie agricole d'un domaine situé dans la région volcanique repose sur une étendue variable de terrain placé sur l'alluvion des vallées et sur une étendue corrélative de pâturages sur les montagnes. La vallée pourvoit à la nourriture du cheptel pendant l'hiver, du 15 octobre au 25 mai, et la montagne à celle d'été. Le produit net provient presque en entier du revenu du bétail. C'est dans ces domaines ainsi constitués que vit la race bovine de Salers ; c'est là, et exclusivement là, que peuvent se développer ces excellents animaux qui résument en eux toutes les forces productives du sol qui les supporte.

Les terrains volcaniques du Cantal sont, en résumé, des terrains agricoles d'une très-grande fertilité naturelle ; et leur réputation les mettrait en première ligne, si leur altitude et l'âpreté du climat qui en résulte ne faisaient pas obstacle à la culture très-intensive que leur richesse rendrait si facile.

Terrains primitifs. — Les terrains primitifs du Cantal sont formés de roches schisteuses, micaschisteuses, gneissiques et granitiques, dont l'existence remonte aux premiers âges du monde géologique. A l'origine, elles se montraient au jour sous forme de roche dénudée, et ne pouvaient par conséquent donner prise à aucun développement de végétation ; c'était alors la stérilité la plus absolue. Aujourd'hui la dénudation des superficies a disparu ; à travers les âges et sous l'action lente des forces atmosphériques, la désagrégation des roches s'est établie, et presque partout, à plusieurs pieds de profondeur, on trouve un sol meuble dont la surface est recouverte d'une maigre végétation.

Dans les terrains volcaniques, toute surface de terrain ameublie par un simple labour se couvre spontanément de plantes fourragères diverses qui donnent lieu à un pâturage abondant ; dans le terrain primitif, il n'en est pas de même ; après un travail d'ameublissement sous addition d'engrais, on voit bien naître quelques pieds de ray-grass, mais ils sont rares, et bientôt reparaît la bruyère.

Si on examine avec attention, pendant plusieurs années consécutives, les phénomènes successifs qui se présentent sur un sol privé d'humus, tel que celui qu'offre un écobuage après la récolte, on saisit l'enchaînement des faits qui ont présidé au développement naturel de la végétation sur les terrains primitifs.

En premier lieu paraissent les lichens et les mousses ; après eux viennent les fougères, et enfin arrive la bruyère, qui complète la série des trois ordres de végétaux dont l'ensemble constitue ces steppes d'un aspect si morne qui occupent une grande partie des terrains primitifs.

Ces trois végétaux agissent sur le sol chacun d'une manière particulière. Les lichens et les mousses travaillent à la surface, la fougère va dans la profondeur, et la bruyère est intermédiaire aux deux. Ce mode d'action mérite de fixer l'attention, car il indique que chaque étage du sol renferme des forces végétatives spéciales qui ne doivent pas être perdues de vue lorsqu'on détermine la succession des récoltes à établir dans toute culture basée sur des principes rationnels.

Les lichens, formés d'une simple racine, s'appliquent au sol et le désorganisent comme le feraient des griffes aiguës agissant en tous sens ; les mousses, dépourvues de racines, portent des tiges accolées qui retiennent l'eau et conservent la fraîcheur. Ces deux infimes végétaux, vivant aux dépens de l'atmosphère, ne demandent rien au sol qui les porte ; ils lui servent de premier manteau et le protègent contre la dispersion par les vents et la pluie.

La fougère, avec sa racine pivotante, utilise tout engrais infiltré en profondeur. Elle pompe avec avidité la silice, qu'elle distille en filets tranchants sur sa tige lisse, et absorbe le peu de potasse et de chaux qu'elle rencontre.

La bruyère est armée de racines traçantes qui s'étendent dans toute direction, de façon à utiliser les engrais qui se présentent en tous points ; elle porte des brindilles touffues qui tamisent l'atmosphère et rejettent à leur pied les poussières et les graines qui passent à leur portée ; formée d'un ligneux sec et résistant, elle traverse sans périr les hivers les plus rigoureux et les étés les plus chauds.

Ces trois plantes accomplissent simultanément leur œuvre, et leurs débris accumulés finissent par constituer à la longue ce terreau noir qui est connu sous le nom de terre de bruyère. Dans certaines contrées, ce terreau acquiert une épaisseur considérable et donne lieu à une terre végétale de grande fertilité. Malheureusement il n'en est pas ainsi dans le Cantal ; là, les forces naturelles qui ont eu en elles la puissance d'importer une végétation étrangère, portent aussi des éléments de destruction qui limitent très vite l'œuvre qu'elles ont créée. Les pluies et les vents reprennent sans cesse les débris qui ne sont pas promptement utilisés sur place ; au bout de peu de temps il y a équilibre entre les forces productives et les forces destructives ; dès lors toute amélioration s'arrête, et la végétation se maintient dans un état stationnaire qui remonte aux époques les plus reculées.

Telle est en peu de mots l'histoire de ces vastes steppes de bruyère d'un aspect si pauvre, qui recouvrent les terrains primitifs du Cantal. Partis d'une dénudation absolue, ils sont arrivés à cette maigre végétation qui les recouvre, sans aucune intervention de la main de l'homme. Les lichens, la fougère et la bruyère ont tout fait ; ce sont les trois pionniers qui ont défriché un sol stérile et l'ont préparé à la culture. A ce titre, ces humbles végétaux méritent un regard de bienveillance, et leur utilité donne l'explication du charme particulier que produit leur vue sur les personnes dont ils ont supporté le berceau.

Si nous passons maintenant à l'examen de la constitution physique et chimique de la terre végétale qu'on rencontre dans les terrains primitifs, on trouve que la résistance à toute production abondante provient de l'insuffisance de l'humus et des autres substances nécessaires à une végétation rapide. Il y a absence à peu près complète de phosphate, de chaux, de potasse, de soude... Au lieu donc de renfermer, comme les terrains volcaniques, tout ce qui est indispensable à une belle végétation, les terrains primitifs ne tiennent en eux que des éléments de stérilité. Cette différence frappante, que nous mettons en parallèle uniquement dans le but de mieux en faire ressortir les causes premières, indique que l'agriculture des deux contrées doit prendre son point de départ dans des voies différentes. Dans l'une il suffit d'un travail judicieux pour arriver à des résultats rémunérateurs, tandis que dans l'autre il faut joindre à ce même travail judicieux l'apport des substances qui lui font défaut. Parmi ces substances, les seules qu'on connaisse jusqu'à ce jour pour atteindre le but sont la chaux et le fumier de ferme. Ces deux éléments de fertilisation ont, par suite de leur réunion, une action multiple très-supérieure à leur puissance ordinaire isolée ; non-seulement ils fournissent au sol une partie des substances qui lui manquent, mais encore ils développent par leur présence simultanée des réactions chimiques qui font surgir du sol lui-même d'autres substances dont l'effet utile était paralysé sans eux, et qui complètent tout ce qui est nécessaire à une large végéation.

Le chaulage doit donc être le point de départ de toute tentative d'amélioration dans les terrains primitifs. C'est pour avoir ignoré ou méconnu cette vérité fondamentale que l'agriculture est si arriérée dans nos contrées. C'est à la propager et à la faire accepter de tous que doivent tendre tous les efforts... C'est d'autant plus important que dans le département du Cantal l'étendue des terrains primitifs occupe 330,000 hectares ou les 3/5ᵉˢ de la contenance entière.

Sans insister plus longuement sur les conditions agronomiques des deux régions si différentes qui embrassent le département entier, nous rentrons dans la description et le récit des faits qui concernent le domaine de la Rode, et qui font l'objet de ce mémoire.

Situation topographique. — Altitude. — Climat. — Étendue du domaine de la Rode.

Le domaine de la Rode est placé au travers du faîte qui court de l'est à l'ouest, en séparant les eaux qui vont au nord se déverser dans la rivière de Cère, et au sud dans celle du Lot. Le revers nord, qui

comprend 102 hectares d'étendue, est exclusivement composé d'
bruyères dites *camps* en langage du pays; le revers sud, d'une étendue
de 170 hectares, contient le domaine proprement dit et la maison d'ha-
bitation. D'après un nivellement que nous avons établi personnellement et que nous avons rattaché à celui qui est consigné sur la carte
d'état-major de France, la borne de notre propriété, située derrière
le hameau de Peyrot, est à 795 mètres au-dessus du niveau de la mer;
c'est le point le plus élevé du domaine.

Le dessus du reposoir de la croix de fer est à 793ᵐ 50
Le plan d'eau du tunnel sous la route est à   772   »
Le seuil de la porte d'entrée du château est à   742   »
Le plan d'eau du ruisseau à la sortie des prés Miallet à . .   650   »
La moyenne des terres en culture est environ à   730   »

De cette altitude et du voisinage des montagnes du Cantal, qui sont
situées à 35 kilomètres, il résulte pour le domaine une température
très-froide et un climat très-variable. Pendant certains hivers, le
thermomètre descend au-dessous de 15 degrés; et pendant l'été, il
monte fréquemment à 35. Ces écarts extrêmes éprouvent vivement les
végétaux de toute espèce et leur nuisent beaucoup; mais, plus encore
que ces écarts de saison, ce qui fait le plus grand mal aux plantes
cultivées, ce sont les écarts diurnes qui passent de 15 à 20 degrés de
chaleur dans le jour, à 3 ou 4 degrés de froid pendant la nuit. Il y a
alors des gelées blanches d'un effet désastreux, qui constituent un
obstacle insurmontable à la culture productive de toutes les plantes
qui craignent la gelée.

La topographie du domaine ne présente aucune surface plane régulière, c'est partout une succession variée de pentes à divers degrés
qui ne sont cependant pas un obstacle insurmontable aux labours,
mais qui les rendent fatigants pour les hommes et les animaux. Il
n'existe dans toute la propriété que quelques hectares de superficie
où la charrue ne puisse fonctionner.

Dans son ensemble, la partie cultivée du domaine est formée de
deux vallées dirigées du nord au sud, qui se réunissent à la sortie de
la propriété, laissant entre elles un faîte sur les revers duquel se trouvent placées les terres. Sur la ligne de faîte, il existe une rigole dont
l'eau sert à l'irrigation des prairies. Par sa position d'un niveau supé-

rieur à toutes les terres, cette rigole permet l'arrosement de presque toute la propriété ; nous aurons à en parler plus longuement.

Lorsque nous sommes entrés en possession personnelle du domaine en 1853 , il y avait deux grands corps de ferme , un moulin avec une petite ferme et quelques pièces de terre réservées aux besoins exclusifs du château ; l'ensemble de la propriété comprenait 272 hectares lotis comme suit :

Bâtiments, cours, aires à battre, jardins, avenue. .	2h. 60a. 28 c.
Terres labourables.	51 06 80
Prairies permanentes irriguées.	51 18 40
Bois.	29 50 30
Bruyères, landes, pâtis, vialles et boussaillades. .	137 85 36
Total.	272h. 21a. 14 c.

L'étendue actuelle est la même, mais le lotissement du sol a varié. Il se présente aujourd'hui de la manière suivante :

Bâtiments, cours, aires, etc , etc.	4h. 10a. 28 c.
Terres labourables.	65 97 50
Prairies permanentes et prairies temporaires. . . .	56 84 50
Bois.	29 60 30
Bruyères. landes et vialles.	115 68 56
Total égal.	272h. 21a. 14 c.

En rapprochant ces deux lotissements, on voit que nous avons ajouté 5 hectares 66 ares 10 centiares aux prairies, près de 15 hectares aux terres labourables, 1 hectare 1/2 aux routes, et 10 ares aux bois ; par contre, les bruyères ont été diminuées de 22 hectares 16 ares 80 centiares, et ont cédé pareille superficie aux terres et prés. Ainsi, tout compte fait, les surfaces productives ont été augmentées de un cinquième aux dépens des terres stériles. Il ne reste plus que quelques hectares de bruyère sur le revers sud de la propriété, et leur défrichement ne se fera pas attendre.

Mode de culture suivi dans le pays.

Le mode de culture suivi dans le pays s'appuie en général, pour un domaine complet. sur une étendue de terres de 35 à 40 hectares , non compris les bois et les bruyères. Les prés permanents occupent environ le tiers de la superficie, et les terres arables les autres deux tiers. Les terres arables sont divisées en quatre sections à peu près égales, sur chacune desquelles on pratique deux récoltes de seigle séparées par une jachère morte et suivies de cinq années de jachère avec genêt, les deux récoltes de seigle étant précédées de parties de récoltes dérobées de pommes de terre et de sarrazin. C'est là un système de culture détestable, qui ne résiste pas au moindre examen : fondé sur des labours très-défectueux et des fumures forcément insuffisantes , il donne à peine 8 à 10 hectolitres de seigle par hectare et très-peu de nourriture pour le bétail, par la raison que le genêt détruit l'herbe des jachères; en un mot, il n'est nullement améliorant. Aussi l'agriculture du pays ne progresse en aucune façon, et non-seulement il n'y a pas progrès, mais il y a recul très-sensible, par la raison que la main-d'œuvre ayant plus que doublé depuis une période de vingt années , les petits bénéfices que donnait autrefois l'exploitation agricole disparaissent aujourd'hui devant l'augmentation des frais. Cette décroissance des revenus agricoles est rendue manifeste par la disparition à peu près complète du personnel des fermiers qui se constituaient il y a une vingtaine d'années, et même de celui des métayers qui deviennent de plus en plus rares. Pour les petits propriétaires cultivant de leurs mains, la diminution des revenus est peu importante, parce qu'ils ont peu de salariés sous leurs ordres; mais pour la grande propriété , le mal agit d'une manière intense ; il y a pour elle péril de vie ; il faut qu'elle retrouve, dans un supplément de produits , au moins l'équivalent de l'augmentation des frais , autrement elle succombera. Pour cela, il faut nécessairement modifier le système de culture, en bannissant tout ce qu'il renferme de routine et d'empirisme.

Nouveau mode de culture à substituer à l'ancien. — Préparation du sol. — Succession des récoltes. — Prairies temporaires.

Nous venons de voir que le système de culture suivi dans les terrains primitifs du Cantal était ruineux, et qu'en conséquence il y avait nécessité urgente à le changer. Après examen attentif des conditions complexes qui découlent de la stérilité naturelle du sol, de l'âpreté du climat et de la rareté de la main-d'œuvre, nous avons dû renoncer à tout assolement intensif, pour nous borner aux travaux plus simples de la culture extensive et semi-pastorale.

Notre système consiste, pour la préparation du sol, en travaux de défoncement et labours profonds avec la charrue à versoir, en chaulages et fumures abondantes ; et pour les récoltes, en deux blés au lieu de seigle, séparés par un trèfle et suivis d'une prairie temporaire pendant sept années consécutives et suppression radicale des genêts. Il se résume comme suit :

1re *Année*. — Labour de défoncement sur vieilles terres ou défrichement de terres neuves, épierrement, hersages répétés, extraction du chiendent, chaulage et fumure, blé d'hiver et trèfle semé au printemps.

2me *Année*. — Trèfle fauché, consommé partie en vert, partie en sec.

3me *Année*. — Labour léger, hersage, complément de chaulage et de fumure, céréale d'hiver variable, et graines de foin du pays semées au printemps dans la céréale.

4me *Année* et suivantes. — Prairie temporaire paturée et fauchée, irriguée ou fumée avec compost de chaux et de tourbe.

Hors rotation. — Topinambours, pommes de terre, carottes, betteraves, maïs en vert et autres plantes fourragères, chanvre, prairies permanentes irriguées, hersées vigoureusement et fumées avec compost de chaux et de tourbe.

Voyons les avantages de ce système. En employant la charrue à versoir suivie de la herse, nous obtenons un ameublissement régulier et normal sur 20 à 25 centimètres de profondeur, au lieu du travail très-défectueux et très-incomplet que laisse après lui l'araire du pays, et nous extirpons le chiendent qui est à résidence séculaire dans tous nos champs. En incorporant 6 à 8 mètres cubes de chaux et une fumure aussi abondante que possible, nous donnons à la terre les éléments de fertilité qui lui manquent.

A ce sol ainsi ameubli et incontestablement bien préparé, nous demandons une première récolte de blé séparée d'une deuxième par un trèfle, le tout suivi de sept années de prairie semées avec graine de foin ; c'est-à-dire que, sur une rotation de dix années, nous prenons deux céréales et huit années de récoltes fourragères. C'est là certainement une rotation qui, portant avec elle les moyens d'obtenir des fumiers très-abondants, peut être qualifiée, à bon droit, de rationnelle et améliorante.

Notre mode de culture paraîtra sans doute étrange aux personnes qui sont familières aux produits variés qu'on obtient dans la Brie, les Flandres et autres contrées à climat tempéré ; il n'en est pas moins, croyons-nous, le mode qui convient à nos contrées et de plus le seul qui lui convienne. Pour ce qui concerne le blé, nos récoltes successives ont été de 15 à 20 hectolitres par hectare, et nos trèfles n'ont pas été inférieurs à ceux obtenus dans les meilleures terres : sous ce double rapport, notre système ne laisse donc aucune prise. Reste la prairie temporaire, dont la réussite et la permanence peuvent paraître douteuses; mais là encore, nous n'avons pas de concession à faire : nous avons à Rode une prairie de 5 hectares d'étendue dont les produits sont de beaucoup supérieurs à ceux de nos prairies permanentes, sous le double rapport de la quantité et de la qualité. Cette prairie porte une herbe âgée de 4, 5 et 6 années, qui n'annonce en aucune partie qu'elle veuille disparaître. En raison des insuccès nombreux dans l'établissement des prairies permanentes qui, à notre connaissance, ont eu lieu dans des terres d'une fertilité très-supérieure à celles de la Rode, la réussite des prairies-pâture dans nos terrains primitifs n'a pas été sans nous tourmenter beaucoup pendant plusieurs années; aujourd'hui nous sommes pleinement rassurés : les résultats obtenus sur une étendue de 5 hectares sont excellents et nous garantissent qu'il en sera de même sur toutes nos terres.

En définitive, notre nouveau système de culture nous paraît s'appliquer très-avantageusement aux conditions climatériques et économiques des terrains primitifs du Cantal, et à cet égard nous sollicitons les plus minutieuses investigations des personnes compétentes. Ce système permet l'entretien d'un cheptel nombreux et fournit ainsi un fumier abondant qui assure un bon rendement en céréales, tout en améliorant le sol; il n'a d'ailleurs en lui-même aucun rigorisme qui fixe à un terme constant la durée des prairies temporaires, ces dernières pouvant être déchirées après 7, 8, 9 ans et plus de durée; il se marie au défrichement successif des bruyères en faisant rentrer dans un roulement productif des surfaces stériles jusqu'à ce jour; enfin il n'exige qu'une série de travaux très-simples qui rentrent dans les habitudes du pays, tout en se prêtant pour leur exécution à la mobilité qu'impose la variabilité du climat.

Du reste, ce système, nouveau en France, est aujourd'hui suivi dans presque toute l'Angleterre, à cela près que l'entrée en rotation a lieu par une sole de turneps. Dans les environs de Lincoln, une des contrées les mieux cultivées des Iles Britanniques, que nous avons visitées à plusieurs reprises, nous avons vu de magnifiques fermes dont le mode de culture est celui que nous indiquons ; là il a eu pour origine une dégénérescence du célèbre assolement du Norfolk, qui, dans toute sa rigueur première, consiste en une rotation de quatre années, donnant lieu aux quatre récoltes successives de turneps, de blé, de trèfle et de blé...... Cet assolement, pour être continué pendant un certain nombre d'années, exigerait le retour du trèfle tous les quatre ans; or on sait que cette légumineuse ne peut revenir que tous les huit ans au plus, et mieux tous les dix ans. Aussi, cet assolement n'existe pas d'une manière continue, et il n'est qu'une manière d'entrer facilement en culture intensive; dans la pratique, les Anglais ont été amenés à retarder le retour du trèfle en semant une prairie de 4 à 5 ans de durée à la suite du dernier blé. En opérant ainsi, ils font d'excellentes affaires et payent une rente de 70 à 100 francs l'hectare. A la Rode, nous opérons de même, à cette différence près que nous conservons les prairies plus longtemps et que nous ne faisons pas de turneps, cette racine n'étant profitable qu'autant qu'elle peut être consommée sur place par les moutons, chose que le climat rend tout à fait impossible non-seulement en Auvergne, mais encore dans presque toute la France.

Nos deux cultures de céréales peuvent être exclusivement du blé, ou bien du seigle, de l'avoine, de l'orge, du méteil; c'est-à-dire que, suivant les conditions économiques du débouché et suivant les besoins propres de la consommation dans l'intérieur de la ferme, on peut obtenir la nature de céréale qui convient le mieux.

En Angleterre, le système de culture que nous suivons permet l'alimentation du bétail, d'une manière régulière et permanente, avec des substances à *l'état vert*, par la raison que la douceur du climat ne fait aucun obstacle au séjour des animaux à l'extérieur pendant toute l'année, et cela nuit et jour. En France, il n'en est pas de même : presque partout, et surtout en Auvergne, il faut stabuler les animaux pendant l'hiver en les soumettant à un régime exclusif d'aliments à *l'état sec*, les seuls que fournisse notre système de culture pour cette saison. Cette différence radicale entre le régime d'hiver et le régime d'été a certainement de très-fâcheuses conséquences sur le développement normal des animaux; aussi y avons-nous obvié par des cultures spéciales faites hors rotation sur les meilleures terres du domaine.

En résumé, à quelque point de vue qu'on se place pour examiner notre système de culture, on trouve qu'il donne satisfaction aux règles d'une saine théorie et à toutes les exigences qu'imposent les conditions du milieu où nous sommes placés. A tous égards, nous considérons sa conception et sa mise en pratique comme un titre dont nous revendiquons franchement et loyalement l'honneur.

Cultures hors rotation. — Racines. — Tubercules. — Topinambours.

Nous connaissons trop les avantages qu'on retire des récoltes de racines et tubercules dans l'alimentation du bétail pour n'avoir pas cherché à cultiver celles de ces plantes qui peuvent prospérer sur nos terrains ; celle que nous eussions préférée entre toutes est la betterave champêtre; mais avec les gelées blanches qui se continuent souvent jusqu'à la fin de mai, pour reprendre au 15 septembre, leur réussite est trop chanceuse, et ne peut être risquée sans témérité que sur de faibles étendues, alors même que la main-d'œuvre ne nous ferait pas défaut pour la cultiver en grand ; aussi nous bornons-nous, lorsque d'ailleurs le temps nous paraît favorable, à ensemencer de cette précieuse racine une étendue de 40 à 50 ares de nos meilleurres terres; nous faisons une pareille étendue de carottes et environ deux hectares de pommes de terre, bien que depuis longues années la maladie dont est frappé ce tubercule nous ait créé de vifs mécomptes.

Les racines et tubercules qui précèdent sont d'un grand secours,

mais leur non-réussite fréquente nous laisserait souvent dans l'embar-
ras si nous n'avions une autre plante dont nous ne saurions trop
prôner la haute valeur dans nos pauvres terrains : nous voulons parler
du topinambour. C'est le vrai tubercule des pays froids, car les gelées
les plus intenses lui sont indifférentes. Sa culture est des plus simples
et des moins onéreuses : sur les terres de défrichement récent, et qui
par conséquent sont naturellement propres, les moindres sarclages lui
suffisent ; récolté en culture continue, il ne donne lieu à aucuns frais de
semence, et n'exige qu'un bon labour au printemps, avec fumure et
léger chaulage. Sa propagation serait certainement très-rapide, s'il
n'offrait quelques inconvénients dans son mode d'arrachage et dans
sa conservation; toutefois il n'y a là rien d'insurmontable, et nous
espérons pouvoir triompher des difficultés ou tout au moins les
tourner en arrachant tous les tubercules à la fin de novembre et
en les conservant en silo hermétiquement clos jusqu'au moment de la
consommation. Nous en avons un hectare et demi sur un terrain de
défrichement récent, et nous leur réservons le meilleur de nos vieux
champs, sur 2 hectares 65 ares de superficie; nous aurons alors plus de
quatre hectares d'étendue de ce précieux tubercule, et cela suffira pendant quelques années aux besoins du cheptel de la ferme que nous
régissons directement.

Le topinambour est l'aliment humide qui, dans le Cantal, convient
le mieux pour mélanger à la nourriture sèche d'hiver. Les bœufs, les
vaches, les moutons en sont très-friands, et son addition à la ration
d'hiver dans la faible proportion de 8 à 10 pour cent suffit pour permettre aux animaux de manger avec avidité les fourrages les plus
coriaces et les moins substantiels. Sous le régime sec ordinaire du pays,
après deux mois de séjour continu dans les étables, les animaux sont
tous sous l'influence d'un échauffement d'entrailles très-marqué, ainsi que
le montre nettement l'état de leurs déjections; au contraire, avec l'addition du topinambour dans leur ration, leur santé se maintient excellente, et tout leur appareil digestif se conserve en parfait état. L'introduction d'un aliment humide dans la ration d'hiver nous paraît être un
des plus importants progrès à faire dans le Cantal, et, soit dit en pas-
sant, nous pensons que sa propagation dans les domaines à vacherie
des terrains volcaniques serait du plus heureux effet et augmenterait

aux moindres frais possibles, soit la valeur vénale des animaux, soit le rendement en lait des vaches de montagne.

Cultures fourragères annuelles.
Trèfle incarnat. — Maïs - fourrage. — Moutarde. — Vesce. Minette. — Lupins. — Brome de Schrader.

Une grande vigueur dans les animaux de travail nous étant nécessaire pour la préparation des terres et pour les transports de chaux sur des routes très-montueuses, nous avons dû chercher à obtenir des fourrages plus substantiels que les foins ordinaires de nos vieilles prairies. Dans ce but, nous avons ensemencé, dans celles de nos terres qui ne portent pas de céréales, des graines fourragères diverses, telles que du trèfle incarnat, de la vesce mélangée à de l'avoine, de la spergule, de la minette, des lupins, de la moutarde, du maïs-fourrage. Ces plantes variées, occupant une surface de près de sept hectares, nous tiennent lieu cette année du trèfle ordinaire qui trouvera désormais une si large place dans notre système de culture.

Le trèfle incarnat, ou farouch, a bien traversé l'hiver et nous donnera un bon aliment au moment où les premières herbes commencent à s'épuiser. Il occupe un hectare trois quarts de surface, moitié sur terre ancienne, moitié sur terre neuve ; il sera mûr à deux époques différentes et pourra être consommé dans d'excellentes conditions. A la suite viendront les autres fourrages, dont aucun n'est connu dans le pays, sauf le maïs, qui donne généralement une excellente nourriture en vert au moment des forts travaux d'automne.

Nous avions semé, l'été dernier, un hectare de moutarde ou herbe à vache. Cette excellente plante leva mal, ayant été semée trop tardivement et par un temps détestable ; mais cet insuccès ne nous arrêtera pas, car elle fournit un élément d'arrière-saison dont les vaches laitières sont très-friandes ; elle vient sur chaume sans fumier, et n'entraîne qu'un minimum de frais d'achat de semence. A tous titres, elle convient donc beaucoup à nos contrées, et il importe de l'y propager.

Frappés des avantages qu'il y aurait pour notre contrée à pouvoir cultiver une plante fourragère nouvelle qui ne demanderait pas des terrains chaulés et qui ne redouterait pas le froid , nous avons essayé le brome de Schrader qui remplit, dit-on, cette double condition. L'essai que nous avons fait au moyen d'un paquet de graines de quelques grammes a parfaitement réussi, mais il est vrai que l'expérience a eu lieu dans un terrrain très-fertile de notre jardin potager. L'essai sera continué dans un sol de défrichement de bruyère, et s'il donne de bons résultats, il y aura là un nouveau moyen très-efficace d'amélioration de la culture dans les terrains primitifs du Cantal.

Chaulage.

La nécessité d'incorporer de la chaux à nos terrains primitifs étant pour nous la clef et la condition absolue de toute amélioration, nous avons eu pour préoccupation constante l'étude des moyens qui pouvaient nous permettre d'obtenir ce précieux amendement.

En 1856, lorsque nous prîmes en main la régie de l'une des fermes, il n'existait à notre portée qu'un seul four qui pût nous donner de la chaux. C'était une briqueterie située à Arpajon, à une distance de 25 kilomètres de la Rode, où la pierre à chaux était cuite au bois au moyen des flammes perdues du four à briques. En nous livrant tous ses produits disponibles, cette modeste usine ne pouvait pas dépasser 40 à 50 hectol. par année. Il n'y avait pas là une ressource suffisante pour satisfaire à nos besoins ; cependant, faute de mieux, nous avons dû nous en contenter , espérant chaque année la réalisation de projets de nouveaux fours qu'on nous annonçait comme certains en raison des besoins motivés par l'exécution du chemin de fer de Figeac à Clermont. Ces projets ne se réalisant pas, nous cherchâmes à fabriquer directement nous-mêmes la chaux qui nous était nécessaire ; et pour atteindre notre but, et bien que cela dût mettre à une rude épreuve nos moyens pécuniaires, nous entrâmes en négociation, en 1862, avec M. Bonnefons d'Aurillac pour obtenir la cession d'une carrière de pierre à chaux qui existait dans sa propriété, près d'Arpajon. Nos négociations n'eurent pas de succès direct, mais elles déterminèrent M. Bonnefons à construire lui-même un four à chaux à cuisson continue.

Malheureusement pour nous, ce four n'a été mis sérieusement en

feu qu'au commencement de l'année 1866, et pendant dix ans nous
avons dû nous borner à l'emploi de la chaux que nous livrait le bri-
quetier, toujours en quantité insuffisante. Le manque de ce précieux
amendement nous a constamment enrayés dans nos travaux; mais enfin
le nouveau four marche, et il fournit une chaux de qualité excellente,
comme il n'en existe nulle part de meilleure pour les usages agricoles. Nous et toute la contrée, nous pouvons désormais chauler nos
terres... Nous devons ce résultat à M. Bonnefons, auquel il ne nous
coûte pas d'adresser ici des remercîments; car nous aimons à penser
que nos démarches de 1862 ont été le motif déterminant d'une entreprise industrielle qui a exigé un capital considérable.

De 1856 à la fin de l'année 1865, nous avons employé sept cents
hectolitres de chaux cuite au bois, qui nous a coûté successivement
2 fr. 50, 2 fr. 80 et 3 francs les 100 kilogrammes, prise au four. Depuis le mois d'avril 1866, nous employons de la chaux cuite à la
houille que nous payons actuellement 12 francs le mètre cube, après
l'avoir payé 15 francs pendant toute l'année dernière. Les premiers
prix étaient excessifs, et il n'a fallu rien moins qu'une nécessité absolue pour nous les faire accepter ; à 12 francs le mètre, le prix est encore très-élevé pour nous, car nous devons y joindre les frais de
transport, qui sont de 7 à 8 francs. Malgré ces conditions, qui certai-
tainement s'amélioreront dans un avenir prochain, nous n'avons pas
hésité à faire tous nos efforts pour regagner le temps perdu malgré
nous, en ne nous limitant, pour les quantités à acheter, que sur l'importance de nos besoins, eu égard à l'étendue des terres à amender.
Les besoins imposés par nos cultures d'hiver et de printemps ont
exigé mille sept cent cinquante hectolitres de chaux, et c'est cette quantité qui se trouve dès aujourd'hui incorporée au sol. Somme toute,
depuis que nous régissons directement une des fermes de la Rode,
nous y avons apporté deux mille quatre cent cinquante hectolitres de
chaux qui nous ont permis d'amender trente-deux hectares de terres
arables et plusieurs hectares de prairies permanentes sur lesquelles il
a été répandu des composts à base de chaux. Cet apport place notre
exploitation agricole dans un roulement normal qui exigera, pour être
soutenu, l'arrivée de 800 à 1,000 hectolitres de chaux par année. Ces
nouveaux apports viendront en leur temps, car, encore une fois, au-

cune culture productive n'est possible sans cet amendement. Puissions-
nous avoir des imitateurs nombreux !

Préparation du sol. — Labours. — Défoncements. — Hersages. — Roulages. — Outils aratoires et autres employés pour préparer le sol.

Le seul instrument aratoire en usage dans le pays est l'araire ro-
main à deux ailes ; cet outil, qui ne paraît différer en rien de celui
qui est décrit dans Columelle, ne permet de faire qu'un travail détestable. Au lieu de fouiller le sol, de couper la terre en tranches horizontales et de détruire les racines par une section vive, il trace une série de raies angulaires qui laissent entre elles des bandes non ameublies à
très-large base, dans lesquelles les racines restent intactes; aussi tous les
champs sont-ils infectés d'un chiendent séculaire. Cette herbe, si nuisible
à toute récolte productive, est là à demeure permanente, n'étant pas
expulsable par le seul outil qu'on lui oppose. Aussi est-ce une nécessité absolue que de le remplacer par un autre instrument qui n'ait pas
les mêmes inconvénients. Cet instrument est bien connu; il n'est
autre que la charrue à versoir, dont il existe de si nombreux modèles,
et dont l'emploi est général et exclusif partout où l'agriculture a pro-
gressé depuis les Romains. Dans le Cantal, l'araire est conservé avec
une ténacité qui résiste à toute excitation et qui serait vraiment incom-
préhensible, si on ne savait la puissance que montre parfois ce qu'on
a appelé la routine agricole. La Société centrale d'agriculture du département fait de louables efforts pour propager la charrue à versoir,
mais ses efforts restent inproductifs ; pour vaincre la routine, il faut
l'exemple répété et le temps, ces deux grands maîtres qui ont raison
de toutes les résistances.

Pour notre part, à la Rode, nous faisons tous nos labours avec la
charrue à versoir dans la ferme que nous régissons directement, et
nous avons donné gratuitement à nos métayers une charrue pour
leurs labours; mais nous avons autour de nous bien peu d'imitateurs.

Nous avons divers modèles de charrues applicables aux divers labours et défoncements nécessaires à notre exploitation. (Deux char-

rues Dombasle, une charrue Armelin, deux charrues Grignon et un grappin sous-sol.)

Tous nos labours sont suivis de hersages énergiques d'autant plus répétés que le sol est plus infecté de racines de chiendent et de rhizômes de fougère. Nos herses sont de bonne construction, montées sur cadres en bois ou en fer.

Nos terres, se soulevant facilement par la gelée et étant d'ailleurs peu tenaces, se trouvent très-améliorées par le passage d'un rouleau plus ou moins lourd suivant les circonstances ; nous avons à cet effet des rouleaux en bois, en pierre et en fonte.

Dans les conditions de milieu où nous nous trouvons et pour les cultures auxquelles nous nous livrons, cette triple série d'instruments, charrue, herse et rouleaux, suffisent à toutes les exigences d'une bonne préparation du sol. Les outils d'une construction plus compliquée, qui sont d'un emploi si avantageux dans les pays de haute culture intensive, seraient sans utilité dans nos modestes contrées.

Nos charrues et les rouleaux sont trainés exclusivement par des bœufs, qui, à l'exclusion des vaches, sont employés aux travaux qui exigent un grand déploiement de force. Les bœufs sont attelés au joug double et travaillent à deux, à quatre et jusqu'à six à la fois, suivant les circonstances. Presque toujours, sinon toujours, les herses sont remorquées par des chevaux.

Comme dernier instrument s'appliquant au sol, alors qu'il est bien ameubli, nous avons un semoir rayonneur pour les plantes sarclées que nous cultivons. Nos céréales sont semées à la volée et recouvertes à la herse toutes les fois que l'état du sol n'y fait pas obstacle.

Prairies permanentes. — Travaux d'assainissement.

Les prairies permanentes de la Rode sont dans les conditions ordinaires des prairies situées dans les terrains schisteux. Elles donnent un foin peu abondant et surtout peu nutritif ; et il ne saurait en être autrement, car, placées sur un sol naturellement infertile, elles ne reçoivent en général d'autres engrais que celui qui leur est apporté par des eaux d'irrigation qui sont presque pures, et par suite dépourvues de matière fécondante. Cependant, quelque pauvres que soient ces eaux,

comme elles sont jusqu'ici le seul moyen employé pour aider les prai·
ries à donner du foin, il importe que leur distribution soit faite le
mieux possible ; à cet égard, nos prairies sont bien tenues; les mai-
tresses-rigoles, dont quelques-unes ont plus d'un kilomètre de longueur, sont sensiblement horizontales, et elles déversent l'eau à volonté sur les parties qui la demandent. Pour améliorer nos eaux, nous
y mélangeons du fumier à un état avancé de décomposition, que nous
plaçons, soit dans les réservoirs, soit dans le courant des grandes
rigoles.

L'un des pires défauts des eaux d'irrigation des terrains primitifs,
c'est leur manque de chaleur. A peu près toute l'année, elles sont à
une température inférieure à celle de l'herbe qu'elles vont arroser.
Pour combattre ce défaut, il n'y a qu'un seul moyen : c'est de faire
séjourner l'eau dans des réservoirs de faible profondeur. Dans ce but,
nous avons établi en entier ou refait à neuf douze réservoirs de 50 à
200 mètres cubes de capacité, qui tiennent tous l'eau comme des verres
à boire. Sous le rapport de leur exécution, ce sont des modèles qu'on
ne saurait trop propager dans nos contrées.

A ce moyen d'amélioration nous en avons joint un autre, auquel
nous n'avons donné suite qu'après deux essais différents rigoureuse-
ment suivis. Le premier a consisté à répandre du fumier de ferme en
couverture sur le sol des prairies à l'entrée de l'hiver; cet essai ne
nous a pas donné satisfaction, les résultats ayant été incertains, de
peu de durée, et en tous cas n'ayant apporté aucune modification ap-
préciable dans la qualité de l'herbe. Le deuxième a consisté à faire
herser fortement les parties sèches de nos prairies à l'entrée du printemps et à faire répandre sur ces parties hersées un compost de terre
et de chaux. Ce deuxième moyen n'a pas augmenté beaucoup la quantité
de foin, mais il a grandement amélioré la qualité ; et cela est si vrai,
que lorsqu'on conduit les animaux dans les prés où se trouvent les
parties hersées et chaulées, on les voit tous se diriger vers ces parties, d'où ils ne s'éloignent que le moins possible. La raison en est
simple : lorsqu'on y regarde de près, on reconnaît que les graminées
sont remplacées en partie par des plantes légumineuses plus sub-
stantielles et plus appétissantes.

Ce mode d'amélioration des prairies doit avoir, suivant nous, un

grand effet sur la qualité de nos fourrages et par suite sur le développement de nos animaux ; aussi avons-nous acheté une herse spé-
ciale qui remplit parfaitement le but auquel elle est destinée. C'est une
herse à timon et à mancherons sur roues mobiles; les mancherons et
les roues servent à franchir les rigoles et les obstacles qui donnent de
si forts à-coup avec les herses ordinaires, et qui sont si nuisibles aux
animaux et aux instruments eux-mêmes. Cette herse a de plus l'avantage de pouvoir être traînée par les bœufs, qui sont les animaux de trait
par excellence de nos pays. C'est à tous égards un excellent instrument.

Nos prairies, de même que presque toutes celles qui sont placées
sur des terrains analogues aux nôtres, sont situées au fond des vallées
et sur les flancs de coteau qui constituent ces vallées. Les parties en
flanc de coteau sont très-saines, mais il n'en est pas de même
des parties de fond. Ces parties sont humides, marécageuses, et ont
par conséquent besoin d'un assainissement particulier.

Le mode d'assainissement à employer dans ces parties marécageuses nous a longtemps préoccupés, et nous inclinons à penser qu'un
drainage à tuyau et fossé recouvert serait le meilleur moyen à mettre
en œuvre; toutefois, avant de passer à l'exécution, nous avons dû pra-
tiquer des sondages pour reconnaître le sol sur lequel nous devions
agir. Ces sondages nous ont révélé que les marécages de nos contrées
étaient assis sur un fond tourbeux déposé sous forme d'alluvion dans
les fonds creux des terrains primitifs. La coupe transversale du terrain
au travers de nos marécages se présente de la manière suivante :

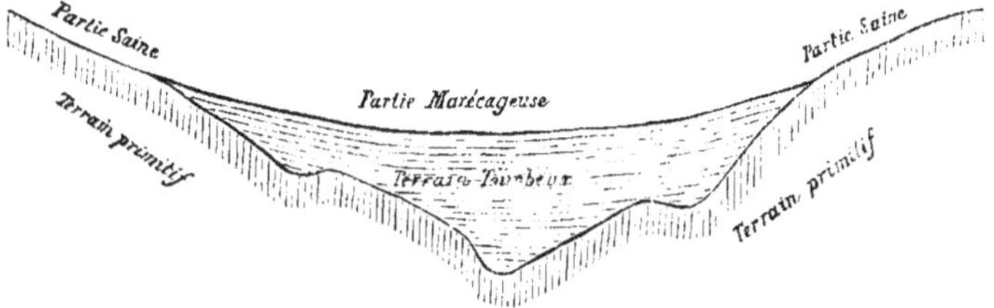

Le terrain primitif constitue le fond général de l'ensemble ; il ap-
paraît au jour sur les hauts côtés et forme des parties saines et sèches;
dans les parties basses, il est recouvert de terrain tourbeux toujours

humide. L'humidité ne tient pas à un manque de déclivité des surfaces, qui ont une pente suffisante à l'écoulement de l'eau; elle provient de la nature même du terrain tourbeux, qui ne laisse filtrer l'eau que très-difficilement; aussi un drainage à tuyaux ne produirait que de très-faibles résultats, et il serait en outre très-dispendieux, car les tranchées devraient être établies sur toute la hauteur de la tourbe, de façon à asseoir les tuyaux sur une fondation de cailloutis reposant eux-mêmes sur le terrain primitif. D'ailleurs, l'asséchement du sol fût-il complet à la suite du drainage, ce qui n'aurait tout au moins jamais lieu à l'époque des saisons pluvieuses, on n'obtiendrait qu'un résultat économique sans portée, par la raison que les terrains tourbeux sont dépourvus des matières à l'état où elles doivent être pour donner lieu à une végétation active. Nos tourbes sont des dépôts de matières végétales incomplètement décomposées et à l'état acide, elles sont par suite impropres à la végétation; pour les rendre fertiles, il faut compléter la décomposition et enlever l'acidité; nous avons donc renoncé au drainage, et nous supprimons nos terres humides en enlevant les tourbes qui les forment.

Cette opération donne lieu à un remaniement de terres considérable et peut paraître au premier abord d'une exécution peu rémunératrice; mais il n'en est rien, car si aux tourbes remaniées on ajoute une faible proportion de chaux, on obtient un compost qui forme un engrais très-riche et dont la valeur est certainement supérieure aux frais de confection qu'il a demandés.

Comme moyen pratique d'exécution, nous faisons établir un fossé longitudinal suivant l'axe des vallées, auquel nous donnons de 1 mètre à 1 m. 20 c. de profondeur en retroussant les terres sur l'un des côtés; lorsque l'émiettement est complet et que l'acidité principale est éteinte, nous ajoutons après découpage à la bêche environ 10 à 12 pour cent de chaux, et nous avons un compost bon à être employé sur les terres et les prairies. Le premier fossé établi au fond des vallées sert en même temps à l'asséchement des parties voisines, en attendant que nos besoins nous permettent de les enlever en augmentant successivement la largeur du fossé; au moyen de grandes vannes, nous maintenons l'irrigation des parties sèches placées à mi-flanc de coteau.

Nous possédons dans le domaine près de 6 hectares de marécages à fond tourbeux qui tiennent de 70 à 80 mille mètres cubes de matières propres à être converties en compost. C'est là la ressource d'avenir de l'exploitation du domaine où on pourra puiser en toutes circonstances suivant les exigences des cultures.

Dans les parties où la tourbe sera enlevée, il nous restera un sol sec au lieu d'un sol humide et malsain, dans lequel les animaux de l'espèce bovine se trouvent fort mal, et qui est mortel pour l'espèce ovine.

La solution à laquelle nous sommes arrivés pour nous débarrasser de nos terrains marécageux nous paraît très-heureuse, en ce qu'elle permet d'obtenir une masse d'engrais considérable aux moindres frais possible dans une contrée où les engrais commerciaux ne pourront parvenir d'ici à longues années, et de plus elle nous dispense du drainage.

Dans le département du Cantal, les bénéfices agricoles provenant à peu près exclusivement du produit direct du bétail, on attache une importance prépondérante aux prairies permanentes. Cela est juste dans les terrains volcaniques, parce que là, en effet, elles fournissent un produit net qui s'élève à près de 500 fr. l'hectare, lorsqu'elles sont placées dans les meilleures conditions ; mais il n'en est pas de même dans les terrains primitifs ; là, les prairies sont peu productives: reposant sur un sol infertile que rien ne vient améliorer, elles n'ont rien de comparable à celles des vallées volcaniques ; c'est, croyons-nous, une faute que de les conserver dans leur état actuel, il faudrait les cultiver pendant quelques années avec chaulage et fumure abondante, c'est-à-dire les faire rentrer dans la rotation des terres arables. Elles seraient remplacées alors par les prairies temporaires que nous obtenons par notre système de culture, et dont les produits sont si supérieurs sous le double rapport de la quantité et de la qualité. En un mot, dans les terrains primitifs, la permanence des prairies devrait être remplacée par l'alternance. C'est ce que nous nous proposons de faire à la Rode, et nous commencerons dès que nos terres arables seront entièrement chaulées.

Travaux d'art agricoles pour irrigations.

En parlant de la topographie du domaine, nous avons dit que le revers méridional était formé de deux vallées séparées par un faîte au sommet duquel était placée une rigole qui donnait de l'eau à toutes les terres hautes. Cette rigole, qui a 1 kilomètre de longueur depuis son origine jusqu'au château, et qui se prolonge sur une non moins grande étendue sur les terres situées à un niveau inférieur, offre un spécimen très-remarquable des travaux qu'imposent les irrigations en pays de montagnes. Cette rigole n'est pas notre œuvre, elle existait sur la propriété lorsque mon père entra en possession en 1818, et elle avait été exécutée, nous a-t-on dit, sous la direction du premier ingénieur des ponts et chaussées qui exerça ses fonctions à Aurillac au commencement du siècle. Nous l'entretenons avec soin et nous réparons avec sollicitude toutes les avaries que le temps amène avec lui. La part qui nous revient dans ce beau travail est nulle, et nous n'en parlerions pas, s'il n'avait été pour nous la cause déterminante d'un travail complémentaire de même nature, que nous croyons appelé à jouer un grand rôle dans notre culture pastorale.

Ce complément consiste en deux réservoirs et une rigole de 1,100 mètres de développement qui amène les eaux du revers nord de la propriété vers le côté du sud, en franchissant le faîte séparatif des deux revers, au moyen d'un tunnel de 167 mètres de longueur. La nouvelle rigole vient se souder à l'ancienne et lui fournit un volume d'eau courante au moins double de celui qu'elle débitait. Les deux réservoirs placés à l'origine des rigoles emmagasinent les eaux courantes et les eaux éventuelles provenant de la fonte des neiges et des pluies torrentielles sur une superficie de près de 100 hectares, qui, jusqu'à ce jour, étaient perdues pour nous. Au lieu de l'irrigation continue et à petit volume que nous avons aujourd'hui, nous aurons une irrigation à grand volume par submersion momentanée, qui est un mode d'emploi de l'eau de beaucoup préférable. Avec une chaussée de 69 mètres de long sur une hauteur moyenne de 2 mètres, le premier réservoir contient plus de deux mille mètres cubes d'eau ; avec une chaussée plus courte, mais plus haute, le deuxième pourra renfermer un volume d'eau bien plus considérable. En raison de la disposition des lieux, ces deux réservoirs sont d'une exécution simple qui ne demande l'intervention d'aucun ouvrier spécial ; ils n'ont d'autre limite à leur capacité que la hauteur de la chaussée, qu'on peut augmenter successivement à peu de frais en utilisant le travail des domestiques à l'année pendant les journées d'hiver, alors que le sol gelé et la neige font obstacle à toute autre opération à l'extérieur des fermes.

Le premier réservoir, la rigole et les tranchées de tête du tunnel sont terminés. Le tunnel est commencé des deux côtés, et il serait entièrement achevé si les ouvriers ne nous avaient complétement fait défaut. Quant au deuxième réservoir, il sera exécuté par nos domestiques de même que le premier, et c'est l'œuvre de plusieurs hivers successifs à venir.

L'ensemble de ce nouveau travail, joint à ce qui existait déjà, constitue pour toute la propriété un système d'irrigation des plus complets, et qui ne redoute la comparaison avec aucun travail du même genre de nos pays de montagnes, où la nature des lieux les rend cependant très-nombreux.

Main-d'œuvre. — Salaires.

Le système de culture que nous suivons à la Rode, inclinant beaucoup vers le régime pastoral, emploie un minimum de main-d'œuvre; c'est là un avantage dans nos contrées, où le personnel ouvrier est très-rare et où il tend de plus en plus à décroître. La rareté croissante de la main-d'œuvre constitue pour les grandes exploitations agricoles une difficulté extrême qui justifie les doléances qui s'élèvent de toutes parts. Et qu'on le croie bien, la situation que nous constatons n'est pas une vague plainte que nous émettons légèrement ; c'est une difficulté très-réelle et dont souffrent comme nous tous les agriculteurs de notre contrée. Depuis 12 à 15 ans, les salaires ont doublé, et l'accroissement de frais qui en est résulté retombe à peu près en entier sur la propriété elle-même, car elle n'a été suivie que de bien loin par une augmentation du produit brut ; en outre, à cette hausse excessive des salaires ont correspondu des exigences de plus en plus grandes des salariés pour tout ce qui concerne l'exécution des ordres, l'assiduité et la régularité au travail, la nourriture... ; de sorte qu'il en résulte une sorte d'état d'hostilité sourde entre le patron et l'ouvrier, qui donne lieu à une mobilité excessive dans le personnel des fermes. Chaque année il faut subir le renouvellement de la majeure partie des serviteurs des deux sexes ; pour tout le monde c'est un grand ennui, mais pour nous en particulier, c'est de plus une très-grande gêne; car, employant des instruments nouveaux dans le pays, il nous faut chaque année recommencer à nos frais des éducations nouvelles.

La rareté de la main-d'œuvre se manifeste sur les personnes des deux sexes et de tous âges, et il nous est impossible de trouver quelques ouvriers temporaires à la journée, alors que les travaux sont le plus urgents ; presque toujours nous devons nous suffire avec le travail des domestiques loués à l'année. On comprendra du reste aisément les difficultés que nous éprouvons, si nous rappelons que depuis quinze ans le département a vu s'éloigner de lui près de 30,000 personnes , prises parmi les plus valides sur une population totale de 240,000 habitants.

Haies. — Clôtures. — Bois. — Arbres fruitiers. — Châtaigniers.

Avec un système de culture où domine le régime pastoral, il est nécessaire que toutes les parcelles soient entourées de clôtures pour maintenir les animaux au pâturage. C'est une lourde charge que celle qu'impose l'entretien de ces clôtures; mais il faut s'y résigner, tout en cherchant à l'amoindrir par une surveillance continue et une grande promptitude à réparer les premiers dégâts. A la Rode, nos clôtures sont à peu près complétement des haies à feuille vive de houx, buisson, noisetier. Elles sont généralement en parfait état, bien que le développement linéaire du périmètr edes parcelles closes s'élève à 42 kilomètres 700 mètres.

Nos bois sont à essence de chêne et de hêtre. Le chêne est à la limite extrême de son climat, ainsi qu'il est aisé de le reconnaître à l'examen de chaque arbre; à peu près tous sont frappés de gélivures. Le hêtre prospère mieux. Depuis que nous sommes propriétaires du domaine, nous avons aménagé nos bois de haute futaie de façon à nous faire une réserve pour les constructions que peut exiger dans l'avenir l'extension de notre culture. Dans ce but, nous avons veillé à ce que la consommation du bois de chauffage et de cuisson du pain fût réduite au strict nécessaire, et nous nous sommes privés du produit de toute vente d'arbres.

Nous avons planté en bordure de nos routes et chemins près de 500 arbres de différentes essences, qui, en général, ont fait bonne reprise. Il y a, dans le nombre, assez de pommiers pour nous fournir le cidre qui se consomme dans la propriété sous forme de vinaigre.

Les châtaigniers qui sont dans la propriété portent tous les traces de l'hiver de 1829. Cette essence n'est évidemment pas à sa place sur le domaine de la Rode. Aussi ne fournit-elle que des récoltes peu importantes, quoique, à vrai dire, nous ayons été favorisés ces dernières années. En sept ans, nous avons eu trois années d'un rapport convenable, ce qui ne s'était jamais vu à notre souvenance.

Routes et Chemins.

Jusqu'en 1860 nous ne pouvions accéder aux grandes routes publiques qui nous mettent en communication avec Aurillac et Arpajon, qu'au moyen d'un chemin rural extrêmement mauvais sous tous les rapports. Le passage des voitures de maître était très-dangereux, et celui des voitures de transport très-onéreux, en raison du faible chargement qu'elles pouvaient recevoir. D'autre part, le département avait classé un chemin de grande communication qui devait suivre la ligne de faîte de notre propriété, mais, faute de ressources, ce chemin ne se faisait pas. Toutefois, comme cette voie de communication nous devenait de plus en plus nécessaire pour nos transports de chaux, nous obtînmes qu'elle serait ouverte, sous la condition que nous fournirions gratuitement tout celui de nos terrains qui serait nécessaire, mais que, de plus, nous payerions de nos deniers personnels les parcelles des propriétaires qui refuseraient le passage gratuit. Pour obtenir un cantonnier, nous avons dû faire construire une maison pour le loger. Pour faire empierrer la route, nous avons dû compléter les approvisionnements de matériaux qui étaient nécessaires; enfin, moyennant une dépense qui n'est pas inférieure à 2,000 francs, nous avons obtenu une voie de transport excellente qui met notre domaine en relation directe avec les fours à chaux et le chef-lieu du département. Deux mille francs sont une grosse somme pour nous; mais il n'y a pas à la regretter, puisqu'elle nous a rendu le chaulage facile.

Nos chemins ruraux donnent un accès convenable à toutes les parcelles de la propriété depuis que nous les avons complétés par une voie de 700 mètres de longueur, à pente régulière, établissant une communication directe entre les bâtiments des fermes et les prairies les plus éloignées. Tous nos chemins sont en bon état d'entretien ; ils sont en général traversés par des gondoles qui empêchent le ravinement par les eaux de pluie et qui en même temps reportent dans les terres en bordure les déjections perdues lors du passage des animaux.

Bâtiments d'exploitation.

Dans notre contrée, où le climat est si âpre et l'hiver si long, il faut pouvoir mettre à couvert tout le cheptel et toutes les récoltes fourragères. A la Rode nos bâtiments, établis sans luxe mais dans de bonnes proportions, suffisent aux besoins actuels des deux fermes.

La bouverie de la ferme que nous régissons directement a 40 mètres de longueur sur 10 de largeur ; elle est à 2 rangs d'animaux, avec passage au milieu pour les voitures à fumier. La hauteur sous poutre est supérieure de 80 centimètres au moins à la hauteur habituelle suivie dans le département. Cette hauteur laisse un volume d'air suffisant pour protéger les animaux contre les températures extrêmes de l'hiver et de l'été, et assure une salubrité parfaite.

La bergerie a 21^{m}30 de long sur 7^{m}50 de large. Elle renferme des rateliers simples et doubles avec auges longitudinales et avec des barreaux séparatifs pour chaque tête du troupeau. Ces rateliers, d'un modèle nouveau dans le pays, ont été construits sous la surveillance immédiate de l'un de nous ; ils assurent une entière consommation des fourrages ainsi qu'une égale répartition entre tous les animaux. Suspendus à des chaînes en fer, ils peuvent facilement être élevés ou abaissés suivant la hauteur du fumier : c'est là pour nous une condition très-favorable, car elle nous permet de maintenir les auges à la hauteur la plus commode pour les animaux, tout en nous laissant libre d'enlever les fumiers aux époques qui nous conviennent le mieux, et de plus elle nous donne la liberté de placer au-dessous des litières une couche épaisse de tourbe desséchée pour absorber tous les purins. Pour les divers motifs que nous venons d'énumérer, ces rateliers nous paraissent être un accessoire très-important d'une bonne bergerie, de même que les auges métalliques que nous possédons pour abreuver le troupeau avec de l'eau ferrée.

La bouverie et la bergerie supportent des greniers à fourrages d'une capacité suffisante pour les besoins d'une année.

La porcherie est composée de deux loges séparées par une cour commune. La nourriture liquide et pâteuse est distribuée dans des auges en fonte d'un bon modèle, faisant obstacle à tout gaspillage.

Tous nos bâtiments sont placés à des niveaux qui permettent l'entrée facile de l'eau qui coule constamment dans les cours de la ferme à toutes les époques de l'année. La bouverie, la bergerie et la porcherie peuvent être lavées à grande eau au profit des près qui sont au-dessous.

La disposition générale des bâtiments est très-favorable aux diverses manutentions qui se passent dans une cour de ferme. Toutes nos constructions sont entretenues avec sollicitude, à l'exception de la maison de ferme, qui doit être déplacée pour améliorer les accès du château.

Matériel agricole.

Pour la préparation du sol, nous avons une série complète d'outils dont nous avons déjà parlé, et sur lesquels nous ne reviendrons pas.

Pour les transports extérieurs de chaux, fumier, récoltes de toute nature, nous employons un matériel de dimensions notablement supérieures à celles qui sont employées habituellement dans le pays. Les tombereaux à chaux et les chars à bœufs sont à essieu en fer avec roues cerclées du même métal, au lieu d'être exclusivement en bois, comme c'est d'usage dans le pays; plusieurs de ces instruments sont pourvus d'une mécanique d'enrayement pour les descentes rapides.

Pour la préparation des aliments du bétail, nous avons un laveur de racines, un coupe-racines et deux hache-paille. Ces instruments, achetés chez Peltier, à Paris, sont d'un bon modèle et remplissent bien le but auquel ils sont destinés. Ils nous rendent de grands services, surtout pour le lavage des topinambours et leur mise en morceaux de différentes grosseurs, suivant l'espèce d'animaux qui doivent les consommer.

Pendant plusieurs années, nous nous sommes servis de la machine à battre de la Société d'agriculture du Cantal. Cette machine devenant insuffisante pour tous les besoins du pays, nous avons pu cette année nous entendre avec un agriculteur des environs d'Aurillac, pour employer en commun une machine à battre avec manége de Pinet. Notre tararé-trieur de Régnier, à Périgueux, est un bon instrument qui permet d'obtenir des grains de semence de bonne qualité.

Nous avons de bons outils à main, une bonne baratte à beurre et d'excellents instruments de nivellement.

En résumé, notre matériel agricole est complet. Nous l'exposerons au concours d'Aurillac, et nous donnerons dans le Catalogne des déclarations le prix exact et la provenance de chacun des articles qui le composent.

Cheptel vivant. — Espéces diverses. — Volailles.

Notre cheptel comprend des animaux de toutes les espèces entretenues dans le Cantal, sauf les chèvres, que nous prohibons formellement, à cause de leur dent meurtrière aux végétaux arborescents.

Dans l'espèce bovine, nous entretenons exclusivement la race de Salers, dont nous cherchons constamment à améliorer la qualité par l'emploi de reproducteurs de premier choix, ou bien encore par l'élevage de veaux de 15 jours, nés dans les meilleures vacheries des environs d'Aurillac. Ce mode d'élevage, particulier à nos contrées, en raison des facilités qu'on a d'acheter des veaux de 15 jours, nous donne des animaux supérieurs à ceux qui sont nés à la Rode, mais qui cependant restent inférieurs à leurs congénères élevés sur la montagne. Cette infériorité n'est pas accidentelle, puisqu'elle se maintient d'une manière permanente depuis six à sept ans que nous pratiquons ce système. Elle ne vient pas non plus de privations imposées à nos élèves, car ils sont abondamment nourris : elle résulte exclusivement de la médiocre qualité des fourrages recueillis sur les terrains primitifs. Ce résultat, si simple en apparence, a des conséquences énormes : il démontre que, dans une même espèce, la haute valeur des animaux dépend beaucoup plus de la supériorité des conditions du milieu où a lieu l'élevage, que de la supériorité de la race originelle. Ainsi s'expliquent facilement les non-réussites fréquentes que l'on voit dans les tentatives d'importation de races diverses d'un sol riche sur un sol qui l'est moins.

Nous combattons à la Rode la mauvaise qualité des fourrages naturels de notre sol par une alimentation plus riche, provenant de nos terrains chaulés, trèfles et autres légumineuses, topinambours. A ce point de vue exclusif, le chaulage nous rend des services qui seuls pourraient compenser les dépenses qu'il impose. Nos animaux, quoique ne devant jamais égaler ceux qui sont élevés sur les terrains volcaniques, sont très-supérieurs à ceux de nos contrées, et justifient les soins que nous leur donnons.

Nous avons fait des essais nombreux et variés pour déterminer l'âge auquel doit avoir lieu la castration des mâles, pour favoriser leur double aptitude de bêtes de travail et de bêtes d'engrais. De ces essais, il est résulté que la castration en très-bas âge ne nuit pas à la force, tout en favorisant la propension à l'engraissement ; mais elle transforme les bœufs et leur donne un air efféminé et une tête de vache qui n'est pas sans leur nuire au moment des ventes ; aussi pensons-nous qu'à cet égard, il n'y a pas lieu de changer l'époque habituelle de la castration admise dans le département.

Nous avons importé deux vaches bretonnes de race pure provenant des étables de M. Léonce de Lavergne, dans la Creuse. Bien que cette race passe pour être celle qui convient le mieux aux terrains de bruyère, nous ne lui avons pas trouvé les qualités et les avantages que nous donnent le salers ; aussi ne cherchons-nous pas à la propager.

Au travail presque exclusif des vaches, nous avons substitué celui des bœufs, au moins pour tout ce qui concerne les gros travaux de trait et les lourds transports. Le rendement en lait des vaches s'est accru, et nous espérons que bientôt nous pourrons élever 3 et 4 veaux par chaque paire de vaches, ou bien employer une partie de notre laitage à la fabrication du fromage à la façon hollandaise, suivant la méthode importée dans le département par l'administration publique de l'agriculture, et adoptée déjà par M. Chibret, dans sa ferme du Croizet, et par M. Richard (du Cantal), à Souillard.

Dans l'espèce ovine, les animaux ordinaires du pays sont très-chétifs, par la raison que, pendant tout l'été, ils n'ont à peu près d'autre nourriture que celle qu'ils peuvent recueillir sur les bruyères. A la l:ode, nous augmentons autant que possible cette maigre ration, et nous avons un troupeau qui est en voie manifeste d'amélioration. Pour hâter le progrès, nous avons importé des béliers cotswold-berrichons pris chez M. Lalouel de Sourdeval, à Laverdines. Ce n'est pas ici la place de donner la description détaillée du magnifique troupeau d'où nous avons tiré notre bélier améliorateur; en nous bornant à rappeler que ce troupeau, sous un rendement très-élevé en viande et en laine, présente une constitution parfaite qui lui permet d'assimiler les aliments les plus grossiers et les moins nutritifs sous les climats les plus variés, nous aurons dit les qualités qui devaient faire pressentir sa réussite sur nos terrains et sous notre climat. Nos prévisions n'ont pas été trompées: depuis 6 ans nous obtenons à la Rode des animaux qui nous donnent pleine et entière satisfaction, et aujourd'hui nous pouvons hautement affirmer que le cotswold-berrichon est bien le type qui convient à nos pays, et probablement le seul qui lui convienne.

Dans l'espèce porcine, nous avons élevé depuis 4 années des animaux issus d'un croisement entre les femelles de la race du pays et d'un mâle de sang anglais appartenant à M. Chibret, d'Aurillac. Les animaux à 1/2 et 3/4 de sang anglais ont prospéré et nous ont donné de hauts rendements en viande et lard de bonne qualité. Nous avons actuellement deux femelles essex – périgord et berkshire-craonnais, dont la réussite nous paraît assurée.

Dans l'espèce chevaline, nous élevons habituellement un ou deux poulains de la race commune du pays; accidentellement nous faisons saillir une de nos juments par le baudet, à l'effet d'obtenir des mulets.

Sous le rapport de la volaille, nous avons introduit des variétés diverses dans chacune des espèces qui peuplent les basses – cours les mieux garnies et les plus complètes..... Coqs, poules, canards, oies, paons, pintades, dindons, pigeons, etc., etc., etc.

Lorsqu'en 1856 nous prîmes en main la régie de la ferme de la Borie-Haute, le cheptel vivant qui nous fut remis par le fermier sortant fut estimé à 2,200 francs; aujourd'hui celui qui correspond à la même étendue de terres vaut une somme plus que triple. La différence des deux situations donne, dans les termes les plus brefs, la mesure du progrès que nous avons réalisé dans notre exploitation.

Récoltes annuelles.

Les récoltes annuelles qui se faisaient avant 1856 sur la ferme que nous régissons, consistaient en 4 hectares de seigle, en 2 hectares à 2 hectares et demi de sarrazin et de pommes de terre, et en foin sur 17 hectares 67 ares de prairies permanentes.

Aujourd'hui, par suite de l'adjonction de 20 hectares de défrichement pris sur des terrains improductifs, nous avons :

7	hectares	de blé, froment d'hiver.
2 1/2	id.	d'avoine de printemps.
1 3/4	id.	de trèfle incarnat.
5 1/4	id.	de fourrages variés.
5	id.	de trèfle semé dans le blé.
1 1/2	id.	de topinambours.
3	id.	de pommes de terre, betteraves, carottes.
2	id.	préparés pour sarrazin.
5 2/3	id.	de prairie temporaire.
17 2/3	id.	de foin sur prairies permanentes.

Toutes les terres arables sont chaulées et ont reçu de bonnes fumures, et notamment les blés ; aussi pouvons-nous compter sur une bonne venue du trèfle.

Si on rapproche l'étendue des cultures actuelles de celles qu'elles occupaient il y a dix ans, on se rendra compte de l'influence qu'a eue l'introduction de la chaux, et des progrès rapides qu'elle permet d'espérer dans nos contrées.

La bonne préparation qui a été donnée aux terres arables nous a déterminés à faire venir des blés de semence de première qualité. Ces blés comprennent trois variétés des mieux réputées, savoir : du blé généalogique de Halett, du blé de Saumur, et du blé blanc de Galles, dont la récolte avait eu lieu sous un climat moins froid que le nôtre, mais cependant beaucoup plus froid que celui des plaines de l'Albigeois et du Toulousain, qui sont le foyer d'approvisionnement habituel au Cantal.

Revenu net ou rente du domaine.

En 1853, d'après des baux authentiques, le domaine rapportait 3,600 francs nets d'impôt (600 fr.) et de frais d'entretien à la charge du propriétaire. Appliquée à la surface entière de la propriété (273 h.), la rente correspondait à une moyenne de 13 fr. 20 c. par hectare. C'était là une rente bien modeste; telle qu'elle était, cependant, elle donnait la mesure exacte non-seulement du revenu de la Rode, mais encore de celui des domaines situés dans les terrains primitifs du département du Cantal. Examiné dans ses éléments constitutifs, ce revenu provenait presque en entier du produit de la vente du cheptel, le produit des céréales étant à peine suffisant pour couvrir les déboursés annuels à la charge de l'exploitation.

Depuis que nous avons pris en main la régie d'une des fermes, les éléments constitutifs de la recette se sont améliorés d'année en année, à mesure que le chaulage a agi sur une plus grande étendue, et nous arrivons déjà au moment où les céréales donnent un tiers du produit net.

Lorsque le domaine sera entièrement chaulé et défriché, il comprendra 240 hectares de terres arables et prairies temporaires, les bois étant comptés à part. Cette surface, divisée en deux centres d'exploitation, aura, d'après notre système de culture sur chaque ferme :

Céréales de 1re année, 1/10.....	11	} 22 hectares.
Céréales de 3e année, 1/10.....	11	
Trèfle intercalé 2e ann., 1/10..........	11	
Prairies tempor. (7 ans) 7.10..........	77	
Hors rotation......................	10	
Total d'une ferme......	120 hectares.	

Les 22 hectares de céréales nous laisseront, après prélévement des semences et de la nourriture du cheptel, au moins 250 hectolitres de tout grain qu'on peut estimer à 4,000 francs. Les 98 hectares restant seront consacrés à la nourriture du bétail et suffiront à l'entretien de 100 têtes au moins, du poids moyen de 350 à 400 kilogrammes l'une. Ces têtes, composées d'animaux de tout âge et de toute espèce (bovine,

ovine et porcine), laisseront un bénéfice annuel de 60 fr. au moins par tête, soit en tout de 6,000 francs.

La recette de l'une des fermes sera ainsi de 10,000 francs.

Quant à la dépense, nous estimons qu'elle ne dépassera pas 40 0/0 de la recette, ou 4,000 fr. par an, en raison de ce que notre système de culture incline beaucoup vers le régime pastoral. Le bénéfice net sera de 6,000 fr., et 5,000 fr. si on veut amortir rapidement les dépenses de chaulage.

Le revenu de la propriété sera ainsi de 10,000 fr., c'est-à-dire triple de ce qu'il était au point de départ.

Nous croyons que les évaluations qui précèdent sont extrêmement modérées, mais telles quelles, elles sont le résultat que nous pouvons garantir d'après les faits que nous constatons dans la période de transition que nous traversons. Avec la moindre habileté dans l'administration des fermes, elles seront certainement dépassées.

Du reste, ce qui en pareille matière importe par-dessus tout, ce n'est pas de citer le revenu d'une année qui peut être exceptionnellement favorable et élevé, c'est d'établir que ce revenu prend sa source sur une culture rationnelle et reposant sur des engrais qui réparent l'épuisement des récoltes. A cet égard, notre système d'exploitation donne toute sécurité, puisqu'il renferme seulement 1/6 de céréales contre 5/6 de fourrages divers et variés consacrés à la nourriture du cheptel et par suite à la confection du fumier.

RÉSUMÉ GÉNÉRAL. — CONCLUSION.

Résumons en peu de mots la somme des efforts que nous avons faits et des résultats que nous avons obtenus dans l'exploitation du domaine de la Rode.

Dès 1856, au moment où nous avons pris en main la régie directe de l'une des fermes du domaine, nous avons cherché à améliorer le mode de culture suivi dans notre contrée. Nous avons employé toute la chaux que nous avons pu acheter depuis le premier jour jusqu'aujourd'hui ; aussi le chaulage de nos terres a marché aussi vite que les circonstances indépendantes de notre volonté l'ont permis ; nous avons préparé nos terres suivant les méthodes suivies dans les contrées les mieux cultivées, et dans ce but, nous avons importé tous les instruments nécessaires. Nous avons également importé des animaux de races perfectionnées, les plus aptes à utiliser notre nature de fourrages, tels que des béliers de race cotswold-berrichonne, et des porcs à demi-sang anglais; nous avons assis notre culture sur une base rationnelle et améliorante ; tout en obtenant des récoltes de blé et de fourrages inconnus dans notre milieu, nous employons une quantité considérable d'engrais qui répare tout épuisement. Nous avons supprimé toute jachère improductive en mettant à la place des prairies temporaires dont la réussite est certaine. Nous avons établi un système général d'irrigation des plus complets, qui nous permet d'utiliser les eaux de toute provenance, et de les répandre sur presque toute la surface de notre propriété. Nous avons complété et mis en parfait état toutes les routes et chemins nécessaires aux divers besoins de l'exploitation. Notre matériel agricole est complet et renferme dans tous les genres des instruments bien appropriés à leur destination.

L'étendue des terres productives gagne tous les jours sur les terres stériles, de sorte que, sans acquisition nouvelle, nous doublerons la surface utile du domaine.

Les résultats acquis répondent à nos efforts et nous donnent dès aujourd'hui la garantie que le revenu du domaine sera triplé lorsque le chaulage, qui est notre mode d'action indispensable, aura pu être appliqué sur toute l'étendue de la propriété.

Telle est en peu de mots l'œuvre de transformation que nous avons entreprise à la Rode et que nous suivons avec persévérance depuis que nous régissons une des fermes. Si on veut bien tenir compte des difficultés de tout genre qui ont entouré nos débuts et entravé notre marche : stérilité naturelle du sol, climat très-âpre, insuffisance de chemins, création tardive du four à chaux d'Arpajon, manque de capitaux, enchérissement et rareté continue de la main-d'œuvre, on trouvera, nous osons l'espérer, que nous avons utilement mis à profit les modestes forces dont nous avons pu disposer.

Paris.-Imp. PAUL DUPONT, 45, rue de Grenelle-Saint-Honoré. — (1662. — 4.7)

www.ingramcontent.com/pod-product-compliance
Lightning Source LLC
LaVergne TN
LVHW010439060726
842527LV00005B/1596